AF596772

RIVIÈRES
A FOND DE SABLE

OUVRAGES DU MÊME AUTEUR :

Reconstruction de deux ponts sur la Loire, *à Nantes.*

Endiguement de la Basse Loire. — *Théorie générale des débits dans la partie maritime des fleuves.*

Forme de carénage de Paimbœuf. — *Épuisement par une machine hydraulique.*

Théâtre de Nantes. — Chauffage et Ventilation.

Rapport sur la Transformation de la Loire maritime. In-4, 1869.

Nantes et la Loire. In-8, 1870.

Les deux derniers ouvrages ont été imprimés aux frais de la Chambre de commerce de Nantes.

579 — Paris. — Imprimerie Cusset et Ce, rue Racine, 26.

RIVIÈRES
À
FOND DE SABLE

NOTE

PAR

M. C. LECHALAS,
INGÉNIEUR EN CHEF DES PONTS ET CHAUSSÉES

TABLE DES MATIÈRES :

PARIS
DUNOD, ÉDITEUR,
SUCCESSEUR DE V[or] DALMONT,
Précédemment Carilian-Gœury et V[or] Dalmont
LIBRAIRIE DES CORPS DES PONTS ET CHAUSSÉES ET DES MINES,
Quai des Augustins, n° 49.

1871

RIVIÈRES
A FOND DE SABLE

Théorie du mouvement des sables. — Vitesses-limites. — Premier problème. — Second problème. — Complications. — La Loire après la fixation des berges de l'Allier, etc. — La Loire actuelle. — Tracé du lit mineur. Largeurs graduées. — Formules des débits de sable dans la Loire. Applications.

Considérons d'abord une rivière de largeur fixe, à débit constant, à fond de sable uniforme et indéfini, sans apports nouveaux. Les eaux entraîneront le sable jusqu'à ce que la vitesse de fond W soit égale à une certaine valeur-limite qu'on peut déterminer par l'observation. Le débit D et la largeur L étant connus, la profondeur moyenne H, la pente I et la vitesse moyenne U seront données par les trois équations (*)

$$\frac{HI}{U^2} = 0.00028 + \frac{0.00035}{H}, \qquad (1)$$

$$D = L \,.\, H \,.\, U, \qquad (2)$$

$$W = U - 10 \,.\, \sqrt{H \,.\, I}. \qquad (3)$$

L'hypothèse d'un fond homogène indéfini, composé de matières transportables par une vitesse de fond connue W, a pour conséquence le remaniement du lit (à moins que la pente initiale ne soit inférieure à celle qu'on déduirait des

---

(*) (1) et (3), formules Darcy et Bazin; (2), définition de la vitesse moyenne.

équations) jusqu'à ce que H, I et U satisfassent à (1), (2) et (3). Le problème est déterminé, puisqu'il y a autant d'équations que d'inconnues.

Théorie du mouvement des sables. — Nous savons qu'il existe deux modes de transport du sable par les courants : le roulement sur le fond et la suspension au sein des eaux. Dans le premier cas, on admet que le phénomène ne dépend que de la vitesse W ; dans le second, un éminent auteur fait intervenir la vitesse relative des filets.

On imagine que de la vitesse plus grande du filet supérieur résulte une sorte de succion, qui soulève le grain de sable ; celui-ci se rapproche en même temps du centre du courant, par suite de la vitesse moindre des filets plus voisins de la rive. Le poids du sable serait annulé, partie par la sous-pression correspondant à l'état statique, partie par la différence supplémentaire que l'état de mouvement introduirait dans les valeurs des pressions inférieure et supérieure. Tout cela suppose que la masse liquide se compose de filets superposés et juxtaposés, ce qui n'a guère de rapport avec les faits, même dans les parties les plus régulières des courants animés de vitesses notables.

Pour trouver la véritable explication du phénomène, il faut d'abord se débarrasser de la notion des filets parallèles, inconciliable avec les déplacements continuels de chaque molécule par rapport à toutes les molécules voisines. Le transport des corps solides par les fluides en mouvement obéit à des lois uniformes, que le fluide soit liquide ou gazeux ; le courant d'air, comme le courant d'eau, roule les grains de sable sur le sol ou les suspend dans sa masse. Lorsqu'une molécule d'eau vient frapper le fond, elle met en mouvement le grain de sable rencontré ; celui-ci part dans une direction qui dépend de celle du choc et de la position des molécules solides et liquides avoisinantes. Il y aura projection au-dessus du fond ou roulement sur celui-ci, suivant l'inclinaison et la valeur de la puissance, et suivant les conditions dans lesquelles s'exerceront les résistances. La suspension correspondra surtout aux chocs des molécules liquides animées de grandes vitesses, chocs d'autant plus répétés qu'ils sont plus forts, puisque les trajectoires deviennent plus mouvementées à mesure que la vitesse s'accélère. Au-dessous d'une certaine limite, les transports par suspension n'ont plus lieu qu'exceptionnellement, pour chaque densité et chaque grosseur de sable. Le transport est généralement lent pendant les basses eaux, mais aux courants des crues correspondent des chocs suspenseurs; les grains marchent entre deux eaux, reviennent au sol, sont repris, en décrivant des trajectoires analogues à celles des molécules d'eau, mais plus brèves, avec retours plus fréquents et parfois station sur le fond. Les gros grains sont soulevés moins haut que les petits, ou ne font que rouler sur le fond, si même ils ne restent immobiles. Les sables menus offrent plus de prise comparativement à leurs poids. Arrivés à une certaine ténuité, ils sont emportés dans toute la masse liquide comme la poussière dans l'air.

D'après les expériences de Dubuat l'excès de pression, sur la face amont d'un corps plongé dans un courant, est proportionnel au quarré de la vitesse; on peut donc le représenter par $a.W^2$ (*). La force résistante $= a.\overline{0.25}^2$ pour le sable de la Loire, puisqu'il reste immobile lorsque la vitesse de fond est inférieure à 0.25. La différence est égale au produit de la masse des grains par leur vitesse, projetée sur le même axe que W, c'est-à-dire sur l'axe de la rivière; ce produit étant proportionnel au débit de sable, d, peut être représenté par l'expression $b.d$. On aura donc :

$$d = \frac{a}{b}\left(W^2 - \overline{0.25}^2\right) = m\,(W^2 - 0.06).$$

(*) a varie avec les dimensions, les formes et les positions des grains de sable. La constance de ce coefficient suppose, dans chaque élément du mètre de largeur de rivière, l'égalité d'ensemble des grains et l'équivalence des positions.

La valeur de *m* sera demandée à l'observation, ce qui corrigera jusqu'à un certain point l'introduction de W dans l'équation, sans retranchement de la vitesse des grains, etc. Il n'y a plus à soustraire 0.06. *m* lorsque les sables, soulevés, cessent de frotter sur le fond; en conséquence, la formule devient $d = m \, . \, W^2$ pour les vitesses supérieures à une certaine limite. (Il est facile de voir, toutefois, qu'ici encore *m* n'est qu'approximativement une constante.)

Dans les rivières désordonnées on remarque de grands amas de sable, en forte saillie sur le lit à l'extrémité d'aval. Ces dépôts ont du moins l'avantage de favoriser les observations. Les grains roulés à la surface tombent sur le talus, lorsqu'ils ont dépassé la crête ; il en résulte un avancement mesurable, et par suite la connaissance du volume de sable débité dans chaque mètre de largeur de rivière, au-dessus de la grève, pour la vitesse de courant correspondante. L'avancement de la crête devient tout à coup plus lent, lorsque W dépasse la limite supérieure des transports par roulement; c'est qu'alors les sables sont transportés en suspension, et qu'une partie seulement tombe dans le remous provoqué par l'abaissement brusque du lit. La coexistence des mouvements de première et de seconde espèces, roulement et suspension, doit avoir lieu pour certaines vitesses intermédiaires; mais l'observation prouve que celles-ci n'occupent qu'un espace très-petit sur l'échelle. En effet, l'avancement des grèves suit une loi qui est encore satisfaite pour la vitesse superficielle 1.016, et cette loi ne peut devenir que graduellement inapplicable pendant la période mixte ; or elle ne convient plus du tout pour V = 1.03. Cela indique une différence bien minime, si même elle est appréciable, entre la limite supérieure des W_r et la limite inférieure des W_s.

Considérons le système matériel composé des masses d'eau et de sable accumulées, à un moment donné, sur les 75 kilomètres de fleuve compris entre la Maine et la partie maritime de la Loire. Les vitesses et les sections peuvent être considérées comme égales dans les profils extrêmes, en sorte qu'au bout d'une seconde la force vive du système n'aura pas changé ; la somme des travaux de toutes les forces sera donc nulle. Ceux des pressions d'amont et d'aval se détruisent ; restent : 1° le produit du poids d'eau débité par la chute 12 mètres ; 2° *idem* pour le poids du débit de sable ; 3° le travail négatif des frottements de toute espèce, qui, par conséquent, doit être égal à la somme des deux autres. Les forces intérieures ne disparaissent pas d'elles-mêmes ; car la somme des travaux des forces égales et contraires, qui se développent entre deux molécules, n'est pas égale à zéro lorsque la distance varie dans l'élément de temps. Faisant abstraction du second travail positif, qui est minime, l'expression du travail moteur sera : $1000 . D . 12$. On peut écrire l'équation (1), donnée par l'observation, sous la forme :

$$\frac{1000 . D . 12}{L . U . 75000} = 1000 \, U^2 . \left(a + \frac{b}{H}\right),$$

d'où :

$$1000 . D . 12 = 1000 \times 75000 \times L . U^2 . \left(a + \frac{b}{H}\right) . U.$$

Le second membre se rapporte à l'ensemble des travaux résistants ; mais nous ne sommes pas en mesure de faire la part du frottement du sable sur le sable, de l'eau sur le sable, de l'eau sur elle-même. Cette expression ne concerne d'ailleurs que la rivière régularisée, comme l'équation (1). L'endiguement diminuera *d'abord*, plutôt qu'il ne l'augmentera, le volume emmagasiné dans nos 75 kilomètres, en même temps qu'il facilitera la translation de chaque mètre cube d'eau ; il aura pour effet l'amoindrissement du travail absorbé par les actions moléculaires, dans la masse liquide, et par suite l'accroissement des éléments de résistance où le sable intervient. Cela correspond à un plus grand transport de celui-ci vers l'aval. On ne sera donc pas surpris de l'appréciation ci-après, suivant laquelle le débit moyen de sable par seconde serait de $0^{mc}.048$ (au lieu de 0.013), au commencement de la phase de transition qui suivra la régularisation de la section de fleuve considérée. Un pareil transport, dépassant de beaucoup les arrivages dans cette section, amoindrira graduellement la masse emmagasinée, malgré le ralentissement qui résulterait de son effet même. La pente superficielle diminuerait ; et comme d'après l'équation (2) H et U ne peuvent varier dans un profil qu'en sens inverse, pour chaque valeur de D, l'équation (1) montre que les vitesses d'abord obtenues s'affaibliraient graduellement, en même temps que les profondeurs s'accroîtraient.

Cette conclusion se concilie avec le retour graduel à l'ancien débit de sable ; elle est subordonnée à l'absence de fonds résistants. Une grande diminution de I étant inadmissible dans un bief de 75 kilomètres, on arriverait à construire des barrages, si le débit supplémentaire de sable est réellement considérable pendant la phase de transition. Il est facile de voir que, seuls, ces ouvrages ne conduiraient pas au but.

Le travail disponible, dans la longueur des biefs, devient de plus en plus petit ; mais les résistances (*) diminuent avec la vitesse, en même temps que la hauteur de chute. L'altitude restant la même en amont de la Maine, la con-

---

(*) Elles sont proportionnelles à $L.U^3.\left(a + \frac{b}{H}\right)$, comme on le voit par l'équation ci-dessus. La diminution de U et l'augmentation de H concourent au même résultat, à mesure que la transformation s'opère. Il faut bien distinguer ce phénomène de ce qui se passe *au moment de la régularisation*, où l'accroissement simultané de U et de H concorde avec la diminution de L. Cet accroissement ne serait pas en contradiction avec le maintien initial de la pente moyenne, alors même que la formule (1) serait applicable à l'état actuel du fleuve. Plus tard, L restant ce qu'on l'a fait, on aura diminution graduelle de U et augmentation de H, par suite de l'épuisement des sables; le transport de ceux-ci (W, d) s'amoindrira en même temps que la chute par mètre (I).

cordance dynamique avec l'ancien état de choses doit cependant exister dans l'ensemble ; elle est rétablie, en positif et en négatif, par les chutes des barrages.

Les vitesses-limites. — Il résulte d'observations faites sur la Loire que la limite inférieure des vitesses *de fond*, pour le transport par roulement du sable des grèves, est égale à 0.25. D'après l'un des ingénieurs attachés au service de ce fleuve, « tant que la vitesse du courant ne dépasse pas 1m.016 « *à la surface*, le déplacement des grèves augmente assez « régulièrement avec la vitesse du courant. La formule

$$Dép. = 0.00013 \times (V^2 - 0.11)$$

« rend bien compte de ce qui se passe. Mais pour des vi-
« tesses supérieures les conditions du transport des grains
« sont changées ; le sable des grèves est entraîné en sus-
« pension, au milieu des filets liquides plus ou moins voi-
« sins du fond de la rivière. »

Tableau des observations.

VITESSES par seconde observées à la surface.	HAUTEURS des grèves au-dessus du fond d'aval.	DÉPLACEMENT par seconde		OBSERVATIONS.
		observé. (1)	calculé. (2)	
0.58	0.900	3.0	3.0	(1) et (2) Les quantités sont exprimées au cent-millième, pour simplifier l'écriture. (1) Les observations ont duré plusieurs jours. (3) C'est à tort que l'on supposerait la coexistence du roulement et de la suspension, pour les vitesses 1.03 et suivantes. L'écart absolu, par rapport à la loi des déplacements jusqu'à V = 1.016, ne peut correspondre qu'à une transformation complète du mode de transport. Si l'on était dans une période mixte, lorsque les vitesses varient de 1.03 à 1.33, les déplacements calculés ne différeraient que graduellement des résultats de l'observation. Au lieu de cela nous voyons que, dès 1.03, celle-ci ne donne plus que moitié ; ce reste de déplacement s'explique par la chute d'une partie des grains en suspension (conséquence forcée de la brusque diminution de la vitesse en aval de l'extrémité saillante de la grève). Aucune trace de la période mixte ne subsistant pour la vitesse superficielle 1.03, il est probable qu'elle était déjà finie lorsque la valeur de V était 1.02.
0.64	0.300	3.3	3.9	
0.73	»	5.1	5.5	
0.75	0.782	6.3	5.9	
0.81	0.967	6.7	7.1	
0.81	»	7.5	7.1	
0.83	0.760	7.6	7.5	
1.00	0.953	10.5	11.6	
1.016	0.920	12.4	12.0	
1.016	0.580	12.0	12.0	
1.03 (3)	0.487	6.2	12.35	
1.05	0.612	7.0	12.9	
1.11	1.198	5.8	14.6	
1.13	0.650	8.7	15.2	
1.33	0.950	5.6	21.6	

Le déplacement de la grève est nul pour la vitesse superficielle $V = \sqrt{0.11}$, qui est censée correspondre à la vitesse de fond 0.25. On pourrait écrire *d* (débit de sable par mètre de largeur) $= m \times (V^2 - 0.11)$, en donnant à m la valeur $0.00013 \times$ la hauteur moyenne des grèves $0.77 = 0.0001$; mais ce débit ne peut dépendre de V seul, et H devrait entrer dans l'équation. La formule

$$d = m \cdot (W^2 - 0.06)$$

est évidemment préférable. A défaut d'observations, cherchons à apprécier quelle valeur de W il convient d'adopter pour $V = 1.016$; ce sera la limite supérieure des vitesses de fond qui roulent nos grains de sable. La seconde formule du chapitre précédent serait applicable aux valeurs plus grandes de W. Le mouvement mixte n'existant plus lorsque la limite supérieure des vitesses roulantes est dépassée de 1 centimètre, on admettra la même valeur numérique pour la limite inférieure des vitesses complétement suspensives; on aurait pu supposer une minime différence, mais les déductions sont sensiblement les mêmes pour les deux hypothèses. Les sables très-fins sont transportés en suspension par de petites vitesses; ce qui précède ne s'applique qu'aux sables des grèves.

Si l'on attribue successivement à H les valeurs

$$0^m.50, \quad 1 \text{ mètre} \quad \text{et} \quad 2 \text{ mètres},$$

l'équation

$$\frac{V}{U} = 1 + 14 \cdot \sqrt{\frac{H \cdot I}{U^2}} = 1 + 14 \cdot \sqrt{0.00028 + \frac{0.00035}{H}}$$

donne

$$U = 0.71, \quad 0.75 \quad \text{et} \quad 0.78,$$

pour

$$V = 1.016.$$

L'équation

$$\frac{W}{U} = 1 - 10 \cdot \sqrt{\frac{H \cdot I}{U^2}}$$

conduit ensuite aux valeurs de W :

$$0.49, \quad 0.56 \quad \text{et} \quad 0.61.$$

Cependant le W *limite supérieure des transports par roulement* ne doit pas varier sensiblement avec H, et la fixité lui appartient plutôt qu'à la limite superficielle. Nous adopterons la moyenne des valeurs ci-dessus, W = 0.55, comme s'appliquant au sable des grèves de la Loire.

Premier problème. — Revenons au problème indiqué au commencement de cette Note, et posons :

$$L = 1, \quad D = 3, \quad W = 0^{m}.55,$$

puis

$$W = 0.25,$$

pour étudier successivement le phénomène au point de vue des deux modes de transport du sable :

1°

$$W = 0^{m}.55.$$

$$\frac{HI}{U^2} = 0.00028 + \frac{0.00035}{H},$$

$$3 = H.U,$$

$$0.55 = U - 10.\sqrt{H.I},$$

on trouve :

$$I = 0.000035, \quad H = 4.50, \quad U = 0.67;$$

2°

$$W = 0.25.$$

Les équations donnent :

$$I = 0.000003, \quad H = 10 \text{ mètres}, \quad U = 0.30.$$

Traduisons ces solutions, en commençant par reproduire l'énoncé du problème.

Un lit de largeur régulière, rempli de sable qui ne se renouvelle pas, disposé suivant une inclinaison dépassant certaine limite, reçoit un débit de 3 mètres d'eau par seconde et par mètre de largeur. Au bout d'un temps plus ou moins long, suivant la pente et la longueur du canal, un état d'équilibre instable s'établit ; la profondeur d'eau est alors $4^{m}.50$, la vitesse moyenne $0^{m}.67$, la pente 3 centimètres et demi par kilomètre et la vitesse au fond o.55. Cependant du sable est encore entraîné, mais en quantités de plus en plus petites chaque seconde; après un temps considérable on arrive à un nouvel équilibre. Celui-ci est définitif; il correspond à une profondeur de 10 mètres, une vitesse moyenne de 0,30, une pente de 3 millimètres par kilomètre et une vitesse de 0.25 au fond.

Bien que nos calculs s'appliquent à une rivière impossible (débit constant, nullité absolue des apports solides, fond homogène sur une grande profondeur), il nous semble que la précision des résultats obtenus présente quelque intérêt. On peut déjà prévoir quel rôle important jouera, dans l'étude des rivières à fond de sable, la considération de la vitesse-limite des transports par roulement et par suspension.

Second problème. — La rivière que nous venons d'étudier ne reçoit pas de corps solides. Une partie des sables emmagasinés a été entraînée par les eaux, sans qu'aucune particule nouvelle vînt contrarier leur action. L'état d'équilibre stable est atteint; les 3 mètres cubes de débit par mètre de largeur s'écoulent paisiblement, et forment une nappe profonde de 10 mètres sur un lit de sable immobile.

N'ajoutons d'abord qu'un élément de complication. Notre rivière, qui avait conquis son équilibre par un travail prolongé, reçoit maintenant 15 mètres cubes de sable par jour et par mètre de largeur; l'introduction se fait en un seul point par l'apport d'un seul affluent. Les eaux semblent impuissantes, car leur travail journalier n'entraîne qu'une partie des 15 mètres, et l'œuvre précédente se défait graduellement; le fond s'exhausse au point d'arrivée des nouveaux sables, et le bourrelet s'étale vers la mer. La profondeur diminue, la pente et la vitesse moyenne augmentent. Nous ne pouvons plus écrire (5) en attribuant une valeur à la vitesse de fond; mais, dans sa forme générale

$$W = U - 10 \cdot \sqrt{H \cdot I},$$

cette équation nous apprend quel est le sens de la variation de W; remplaçant H.I par sa valeur tirée de (1), on a :

$$W = \frac{3}{H}\left(1 - 10 . \sqrt{0.00028 + \frac{0.00035}{H}}\right),$$

et l'on trouve que W devient 0.27, au lieu de 0.25, pour une profondeur égale aux neuf dixièmes de la précédente. La vitesse de fond s'accroissant à mesure que la rivière s'encombre, il y a là un principe d'équilibre qui finira par balancer la cause du désordre; les départs de sable seront égaux aux arrivages, lorsque la pente ou chute par mètre sera suffisante pour le travail correspondant.

Les sables des grèves de la Loire, que nous prenons pour type, roulent sur le fond lorsque W est au moins égal à 0.25, et le mouvement s'accélère assez régulièrement à partir de cette vitesse. On peut exprimer le débit de sable par mètre de largeur, comme nous l'avons déjà dit, par l'équation

$$d = m . (W^2 - \overline{0.25}^2),$$

m étant un coefficient à déterminer par l'observation. Mais lorsque la vitesse de fond dépasse 0.55, le débit de sable $d = m W^2$. Si donc la première équation conduit à une valeur de W au plus égale à 0.55, pour $d \times 3600 \times 24 = 15$, le mouvement de première espèce suffira pour écouler les apports; on obtiendra la profondeur, la pente et la vitesse moyenne du nouvel équilibre en portant dans (5) la valeur de W, et en combinant cette équation avec (1) et (2). Si, au contraire, cette formule du débit de sable donne une valeur de W supérieure à 0.55, on ne tiendra pas compte du résultat et l'on appliquera la seconde. Soit W = 0.70 la valeur que l'on en tire, on aura :

$$\frac{HI}{U^2} = 0.00028 + \frac{0.00035}{H},$$

$$3 = H.U,$$

$$0.70 = U - 10.\sqrt{H.I}.$$

On trouve :

$$I = 0.00008, \quad H = 3^m.50, \quad U = 0.86.$$

Lorsque l'apport de sable a commencé, nous avions une profondeur de 10 mètres, une pente de 5 millimètres par kilomètre, une vitesse moyenne de $0^m.30$. Les sables nouveaux ont exhaussé le lit; mais la vitesse de fond W augmentant graduellement, on arrive toujours à une certaine valeur (0.70) pour laquelle le débit de sable est égal à l'apport. La surface du lit reste alors fixe à l'origine de l'ensablement, le fond s'exhausse en aval, et la fixité du profil longitudinal (malgré la mobilité continue des sables à la surface) s'étend finalement à toute la longueur. L'équilibre mobile stable est alors obtenu, et la situation reste indéfiniment équivalente à elle-même, grâce à l'uniformité des débits solide et liquide.

La pente nouvelle étant de $0^m.08$ par kilomètre, soit $0^m.077$ d'augmentation, le relèvement du fond, au droit de l'affluent supposé à 100 kilomètres de la partie maritime du fleuve, sera de $7^m.70$; le nouvel équilibre n'est obtenu qu'après un travail de soixante-dix ans. La profondeur ayant diminué de $6^m.50$, il n'y a que $1^m.20$ de relèvement du plan d'eau à l'origine de l'ensablement; ce relèvement devient nul à 15 kilomètres et demi de là, et se change plus bas en abaissement. Dans la partie inférieure, le phénomène présente plusieurs phases; nous nous bornons à indiquer où aboutit la dernière.

Complications.— Après avoir considéré une rivière à fond de sable avec débit d'eau constant, sans nouveaux apports solides, nous avons admis une complication consistant dans un apport régulier de sable.

Modifions les données du second problème en ajoutant des débits liquides irréguliers à l'ancien débit constant. L'équilibre mobile qui venait de se constituer n'existera plus; mais l'intégrale du travail moteur étant accrue, on ne peut prévoir que des abaissements du fond, suivis de relèvements lorsque le débit revient à sa valeur minima.

L'irrégularité des apports de sable serait une nouvelle complication. Notre lit avait été façonné suivant une pente régulière, lorsque les débits d'eau et de sable étaient uniformes; des débits liquides additionnels ont ensuite amené des approfondissements. Considérant maintenant des crues qui soient à la fois des apports supplémentaires d'eau et de sable, des relèvements ou des déblais du lit pourront se produire, suivant les circonstances. Le phénomène se compliquera beaucoup par le défaut de proportionnalité des deux apports; il y aura des phases de désordre et des temps de réforme. Pour un débit donné l'on constatera simultanément des effets très-différents, aux divers points de la rivière, lorsque d'autres irrégularités s'ajouteront à celles que nous avons mentionnées. Le moment arrive où l'on est obligé de sortir des abstractions, et de considérer une rivière réelle.

On a omis l'exemple d'une rivière ne recevant pas de nouveaux sables, et débitant des volumes d'eau variables. Après une première rivière idéale, nous avons considéré celle qui reçoit un apport solide en continuant de débiter un volume d'eau constant, puis nous avons compliqué de plus en plus sans revenir sur nos pas. Le cas omis trouvera sa place dans l'étude qui va suivre, où nous nous occuperons spécialement de la Loire.

La Loire après la fixation des berges de l'Allier, etc. — Nous considérons la partie du fleuve comprise entre la Maine et la Loire maritime. Le débit liquide supplémentaire, que la Maine ajoute à la Loire, n'est pour ainsi dire accompagné d'aucun apport de matières solides, ce qui est une circonstance très-favorable.

A d'autres époques géologiques, les eaux ont apporté des masses de sable et d'argile dans les vallées de l'Allier et de la Loire; les crues remettent ces matières en circulation en déterminant des éboulements de rives. Mais actuellement les graviers et les sables du pays haut s'arrêtent au pied des coteaux. Seules, les vases de cette provenance descendent aux rivières; mêlées à des produits des anciennes alluvions, elles se déposent dans les vallées ou s'écoulent à la mer.

On n'a donc à compter qu'avec l'emmagasinement du sable existant dans le lit mineur des rivières, et avec les apports qui résultent de l'éboulement des rives. Supposons que celles-ci soient fixées, notamment dans la Loire supérieure et dans la vallée de l'Allier. Que deviendra le fleuve au-dessous de la Maine avec son débit minimum de 100 mètres cubes (*), après l'exécution de travaux convenables, et en quoi ceux-ci doivent-ils consister? La régularisation du lit mineur est toujours indispensable, puisque nous avons encore des sables en mouvement. Avec le temps, la diminution de la pente résultera de l'endiguement, et nous serons obligés de diviser en biefs pour limiter l'abaissement de l'étiage. De la sorte nous restreindrons les déblais nécessaires de fonds inaffouillables, et nous abrégerons l'évolution.

Les digues insubmersibles existantes seraient conservées; au delà, le profil en travers de la plaine se composerait : d'une prairie non abritée que nous qualifions *lit majeur;* d'un *lit moyen* provenant de portion de l'ancien lit mineur, et formant une surface inclinée défendue par des traverses et par des plantations; enfin du *lit mineur* régu-

---

(*) Ce débit correspond à l'étiage réel à Mauves ($0^m.40$ au-dessous du 0 de l'échelle).

lièrement endigué. De même vers l'autre rive, jusqu'au coteau ou à la seconde digue insubmersible.

Les sables du bassin de la Loire ne se renouvellent pas, par hypothèse; mais les masses qui encombrent actuellement les rivières continueront leur mouvement vers l'aval. Les désordres produits par les grandes crues dans notre lit mineur seront facilement réparés, si l'on a pour vitesse de fond au moins la limite inférieure des transports par suspension, lorsque les eaux couleront à pleins bords dans ce lit.

On déterminera, par des considérations relatives à l'écoulement des grandes crues, la hauteur des bords du lit mineur. Pour cela, après avoir étudié le tracé sur un plan coté, on établira une série de profils en travers de la vallée, et l'on superposera le profil nouveau avec certaines dimensions du lit mineur, dont le calcul contrôlera ensuite la convenance. La section nouvelle, au-dessous de la crue maxima, pourra différer de l'ancienne d'une quantité compensable par la régularisation générale du tracé. Si l'on arrive ainsi à adopter 1 mètre au-dessus de l'ancien étiage pour la hauteur des berges, on s'imposera la condition suivante : la rivière coulant à pleins bords, faire en sorte que le nouveau lit mineur écoule les 430 mètres cubes que débite actuellement la Loire, lorsqu'elle s'élève à la même hauteur absolue (Voir la note (**) au bas de la page 398).

La largeur supposée du lit mineur étant 200 mètres, les données seront :

$$D = 430, \qquad L = 200, \qquad W = 0.55,$$

et les trois équations donneront :

$$U = 0.69, \qquad H = 3.12, \qquad I = 0.00006.$$

La différence de pente serait de 10 centimètres par kilomètre (*), la pente moyenne actuelle étant de 0.00016 en aval de la Maine.

(*) « La pente totale consommée entre les écluses, pour l'é-

La profondeur $3^m.12$ devant être comptée au-dessous des berges du lit mineur, pour remplir la condition précédente, il faudra déblayer les parties résistantes (non compris le supplément relatif à la diminution de I) jusqu'à $2^m.12$ au-dessous de l'étiage ancien, et même plus bas du côté concave des courbes du tracé. Au moment du débit d'étiage, on a :

$$I = 0.00006, \quad D = 100 \quad \text{et} \quad L = 200.$$

Les formules donnent :

$$H = 1^m.31, \quad U = 0.38, \quad W = 0.29.$$

La formation des biefs demanderait un certain travail de main d'homme, indépendamment de l'établissement des barrages éclusés ; mais il n'y aurait à faire, outre le déblai des fonds de roche, que des dragages peu considérables si l'on n'était pas pressé de jouir ; les courants feraient le reste. Lorsque le nivellement serait arrivé au point convenable, pour que la crue débitant 430 mètres s'écoulât sans déborder, l'étiage se trouverait abaissé au minimum de $0^m.81$, tant qu'il ne serait pas relevé par des hausses, puisque la différence $3^m.12 - 1^m.31$ est égale à $1^m.81$, tandis qu'on a supposé les berges établies à 1 mètre seulement au-dessus de l'ancien étiage. L'abaissement, en chaque point, serait obtenu en ajoutant à $0^m.81$ le produit de 0.00010 par la distance au barrage voisin d'aval.

Il y a, dans ce qui précède, quelque chose d'hypothétique, puisque l'on s'est donné $W = 0.55$ pour $D = 430$. Tout ce qu'on peut conclure de nos calculs, c'est que la largeur 200 correspond à cette vitesse de fond pour ce débit, lorsque la pente est réduite à 0.00006 par l'épuise-

---

« coulement des eaux de la Scarpe, était de $1^m.90$. Depuis les « travaux d'amélioration du lit, cette pente n'est plus que « de $0^m.45$. »

ment graduel ou par le dragage des sables; la largeur 160 conduirait, pour la même vitesse, à une pente encore plus faible, et donnerait sans hausses $1^m.65$ de profondeur à l'étiage.

L'indétermination du problème est dans la nature des choses, puisque le fleuve s'améliorera par le progrès de l'épuisement susdit; mais on peut chercher les limites initiale et finale, et aussi quel état intermédiaire sera promptement réalisé et jouira d'une stabilité relative. Immédiatement après l'endiguement, la pente étant de 0.16 par kilomètre, les formules donnent $2^m.32$ de profondeur pour $D = 430$ et $L = 200$, et 1 mètre pour $D = 100$. Si la largeur était seulement de 160 mètres, la profondeur au moment de l'étiage serait de $1^m.13$. Lorsqu'on arriverait à $W = 0.25$ pour $D = 100$, au aurait $H = 1.55$ si $L = 200$, et 1.97 pour $L = 160$ (pente de 0.000034 dans le premier cas, et de 0.000022 dans le second). La limite supérieure de l'amélioration ne serait pas encore atteinte, car l'épuisement des sables continuerait pendant les crues.

Tant que la vitesse de fond dépassera $0^m.55$, au moment où les eaux couleront à pleins bords dans le lit mineur, le débit de sable sera très-supérieur au versement à l'amont de la Maine, et la transformation marchera vite. On arrivera donc promptement aux profondeurs minima de 1.31 ou 1.65 données par nos premiers calculs (non compris le supplément que l'on pourrait demander à des hausses mobiles); mais ensuite l'amélioration se compléterait lentement.

Une action prolongée des digues produirait un effet analogue sur notre section de rivière, sans fixation des berges de l'Allier; mais le progrès n'irait pas aussi loin, parce que les arrivages de sables ne proviendraient plus seulement de l'emmagasinement du lit d'amont. Les chapitres qui vont suivre concernent le commencement de ce qu'on a appelé la *phase de transition*, dans l'article « *Théorie du mouvement des sables.* » Ils nous feront connaître le minimum à obtenir dans cette section, sans tenir compte de l'amélioration supplémentaire que le temps amènerait. Notre étude sera d'ailleurs plus détaillée, et l'on discutera les circonstances qui peuvent modifier les résultats.

La Loire actuelle. — Nous allons chercher quelle profondeur on peut obtenir immédiatement entre la Maine et la Loire maritime, sans attendre la défense des berges de l'Allier et de la Loire supérieure (*). La création d'un bon lit mineur permettrait aux débits moyens de régler eux-mêmes le chenal après les grandes crues. Pour que ces dernières s'écoulent dans de bonnes conditions, le niveau des berges doit être peu élevé; d'un autre côté, l'action des débits ordinaires ne sera efficace qu'avec un lit mineur de largeur modérée.

Rendons-nous compte de ce qui se passerait en admettant encore la largeur de 200 mètres, et des berges à 1 mètre au-dessus de l'ancien étiage. En maintenant la condition de débiter 430 mètres cubes sans exhaussement, c'est-à-dire au niveau proposé des berges, on n'aura pas à concevoir de craintes pour ce qui concerne l'écoulement des grandes crues (**). D, L et I étant donnés, les trois équa-

---

(*) « Le sable et l'argile qui forment le sol de ces vallées sont « mis en circulation, par suite de l'éboulement des rives non dé- « fendues. Une partie reconstitue à petite distance des alluvions « nouvelles; le reste marche vers la mer, à grande vitesse quant « à la vase et aux sables très-fins, à vitesses variables et intermit- « tentes quant aux sables ordinaires. Ceux-ci sont usés pendant le « transport, et deviennent de plus en plus faciles à déplacer. La « fixation des berges ne donnerait pas lieu à une très-grande « dépense (20 millions au plus; voir les mémoires de M. Comoy).» « (*Nantes et la Loire*; 1 vol. in-8°, 1870).

(**) L'énoncé suivant serait plus rigoureux : « Le débit actuel de « pleins bords doit s'écouler, sans déborder sur les prairies, par « les lits mineur et moyen nouveaux.» Voici comment on ferait le calcul pour le profil intermédiaire : 1° *Lit mineur* $L = 200$, $I = 0.00016$, $H = 2.52 +$ la hauteur 2 mètres entre la crête du lit mineur et le niveau des prairies $= 4.52$. La formule (1) donne

tions nous permettent de déterminer la profondeur et les vitesses :

$$H = 2.32, \quad U = 0.93 \quad \text{et} \quad W = 0.74.$$

La vitesse de fond dépasse notablement la limite inférieure des transports par suspension, ce qui est bien en rapport avec les besoins de la situation.

Lorsque la Loire ne débitera plus que les 100 mètres cubes d'étiage, il ne faut pas s'attendre à ce que la profondeur soit :

$$2.32 - 1 = 1.32.$$

Rien ne prouve que si, en passant du débit 100 au débit 430, la Loire actuelle ne monte que de 1 mètre, il en soit ainsi dans l'état nouveau, et il est même bien certain que cela ne sera pas. L'exhaussement de 1 mètre pour l'état actuel ne peut, d'ailleurs, être qu'une moyenne des observations relevées à diverses échelles, ou le résultat de l'observation faite à une seule.

$U = 1.38$, puis la formule (2) $D_1 = 1192$; 2° *lit moyen* : Le débit actuel de pleins bords étant 1.600, on a $D_2 = 1600 - 1192 = 408$, $i = 0.00016$; si l'on se donne la largeur cumulée des deux zônes du lit moyen, on calculera la hauteur des enracinements des traverses, ou inversement. Soit $h = 1.75$ (enracinement à 1.50 au-dessous du bord du lit majeur), les formules donnent $u = 0.76$, puis $l_1 + l_2 = 307$.

La théorie des débits de sable, exposée dans notre dernier chapitre, permettra de déterminer ensuite le profil du lit moyen aux points de plus grande courbure et d'inflexion. La largeur minima de ce lit correspond à l'horizontalité des traverses (cote 1.32); si l'on adopte cette solution au dernier point, pour éviter une largeur trop grande, on relèvera les enracinements après l'approfondissement du lit mineur. En exécution, on pourrait même augmenter de suite les déclivités des traverses; au-dessus de lits mineur et moyen réguliers, les grandes crues débiteront davantage qu'au-dessus du lit actuel. Le débordement sur les prairies aurait lieu d'abord un peu plus vite, mais les hauteurs maxima ne seraient pas augmentées, toutes choses égales d'ailleurs.

Les trois équations donnent, pour le débit 100, la pente 0.00016 et la largeur 200 :

$$H = 1 \text{ mètre}, \quad U = 0.50, \quad W = 0.375.$$

La vitesse W, notablement plus grande que la limite inférieure des transports par roulement, dépasse les vitesses de fond simultanées de la partie en amont de la Maine. Les bords du lit mineur seront à 2.32 — 1 = 1.32 au-dessus de l'étiage, au lieu de 1 mètre, soit 0.32 d'abaissement de celui-ci. Le fond sera de même à 1.32 au-dessous de l'étiage ancien, parce qu'il se trouve que la profondeur, sous l'étiage nouveau, est égale à la hauteur adoptée pour la crête des berges au dessus de l'étiage précédent. La comparaison de la cote $1^m.32$, sous le zéro ancien, aux $1^m.67$ de profondeur moyenne actuelle dans le thalweg, montre qu'il n'y a pas à prévoir de très-grands dragages pour la préparation du chenal régulier. Les dépôts seront faits économiquement dans les cases du lit moyen, où les traverses et plantations les défendront contre une action trop marquée des crues. On pourrait réduire les déblais dans une certaine mesure, en se résignant à ne jouir d'abord que d'une partie de l'amélioration.

Les vitesses étant encore sérieusement affouillantes pour des débits inférieurs au débit de pleins bords, le travail d'égalisation des profondeurs, commencé par les débits moyens, se prolongera bien après la rentrée du fleuve dans son lit. Dès que les courants extérieurs cessent d'avoir de l'importance, les plus grandes vitesses correspondent aux dépôts faits par la crue pendant le débordement; les parties affouillées en même temps se comblent de plus en plus, et la régularisation s'achève après la rentrée dans le lit. Un prompt retour des petits débits serait cependant une circonstance dangereuse.

Une crue débordée creuse des fosses profondes aux

rentrées des courants extravasés dans le lit mineur. Chaque fosse est un réservoir qui recevra plus tard des sables provenant d'autres fosses creusées en amont et déposés dans les intervalles. Le désordre doit être d'autant mieux réparable que la Maine n'apporte pas de sable ; l'action du débit liquide de l'affluent ne consiste pas à équilibrer un certain apport supplémentaire, mais à faciliter l'écoulement du volume précédemment charrié par le fleuve. La même chose a lieu pour le Cher, l'Indre et la Vienne ; c'est donc surtout depuis l'embouchure du Cher que l'on peut compter sur l'endiguement du lit mineur, pour transformer la Loire.

Nous verrons que l'on peut obtenir, par certaines dispositions, une profondeur *minima* supérieure à celle de 1 mètre calculée ci-dessus (au lieu de $0^{m}.40$ que l'on a maintenant) ; mais il faudra démontrer la stabilité de l'amélioration.

Tracé du lit mineur. Largeurs graduées. — Il est intéressant de rechercher s'il ne conviendrait pas de diminuer les largeurs aux points, connus à l'avance, où les profondeurs s'égalisent dans tout le profil en travers (*).

Nous tracerons l'axe du lit mineur en nous rapprochant le plus possible du thalweg existant, et en nous conformant au principe de la variation graduelle des courbures (*Annales*, 1er semestre 1868). Les formules Darcy ne cesseront pas d'être applicables, si l'on fait varier les largeurs dans des proportions modérées.

Admettons d'abord que l'équivalence des équilibres mobiles, dans nos divers profils en travers, corresponde à

(*) On sait que la profondeur du thalweg sera minima près de l'inflexion, et l'on sait aussi que des émergences se produiront ailleurs en saison de basses eaux ; les endiguements prétendus parallèles correspondent donc, dans cette saison, à de plus grandes largeurs aux passages des sommets du thalweg. La routine est en définitive le système de la *contraction à la mouille* ou de l'*épanouissement au maigre, en temps d'étiage*, système qu'il suffit de définir par sa conséquence nécessaire pour le faire condamner.

égalité des W. Les U seront approximativement égaux, car $\frac{W}{U}$ ne varie que dans le rapport de 0.80 à 0.79 pour les valeurs 3 et 2 de H (formule 3). On a donc à peu près :

$$LH = L'H' = L''H'',$$

pour le profil intermédiaire et pour les profils du maigre et de mouille. On adoptera pour L' une valeur plus petite que L, et par suite, pour bien ménager les courbures, on prendra $L'' > L$, ce que l'inégalité des profondeurs dans le profil de la mouille permet de faire sans inconvénient. Lorsqu'on a calculé H au moyen de (1), (2) et (3), on peut tirer les autres profondeurs des équations approximatives ci-dessus, pour abréger les calculs, quand les largeurs sont connues et les W supposés égaux.

La profondeur H' sur le maigre, un peu en aval d'un point d'inflexion ou de surflexion du tracé, étant plus grande que la profondeur *moyenne* H du profil intermédiaire (puisque L' est plus petit que L) sera, *a fortiori*, plus grande que la profondeur *moyenne* du profil en travers de la mouille. L'égalité supposée des W conduisant à la quasi-égalité des U, et H' dépassant H'', l'équation (1) montre que l'on aura $I' < I''$: la largeur rétrécie correspond à la plus petite pente, en même temps qu'à la plus grande profondeur moyenne. Il y aura diminution de pente en allant de la mouille au maigre, augmentation en passant du maigre à la mouille; les variations de la profondeur *moyenne* seront en sens opposé de celles de la pente et de la largeur.

Pour le débit 430 et la pente 0.00016, les formules (1) et (2) conduisent à une profondeur *moyenne* de 2.32, dans le profil intermédiaire de 200 mètres. Soit 160 mètres la largeur au passage rétréci, l'équation approximative $H' = \frac{L.H}{L'}$ donnera $H' = 2^m.90$ (*); on trouve ensuite $I' = 0.00012$. Pour

(*) Cette profondeur dépend *des* largeurs, et non pas seulement

que les pentes concordent avec la moyenne actuelle 0.00016, il faudra qu'au profil de la mouille I″ = 0.00020. Des variations entre 12 et 20 ne sont rien, comparativement aux déclivités actuelles 0.00001 à 0.00044 (*). La pente étant connue, les formules ordinaires donnent L″ = 235 mètres, au profil de grande largeur; on trouve en même temps H″ = 1.97 pour la profondeur moyenne au moment du débit 430. Bien que cette profondeur moyenne soit dépassée de beaucoup par les précédentes, le point bas du thalweg ne correspondra pas moins au profil le plus large (courbure maxima); mais la fosse sera moins profonde qu'avec un tracé parallèle.

Les plus grandes profondeurs du thalweg ne peuvent se rencontrer, dans toutes les courbes, près des points à courbures maxima (malgré la moindre profondeur moyenne) que si les désordres produits par le débordement précédent ont été réparés. En général les dépôts accidentels disparaîtront facilement, lorsqu'on tracera bien les lits moyen et mineur; les vitesses de fond deviendront efficaces dès la

---

de la largeur minima, parce que le tracé de toute la courbe intervient pour la répartition des pentes. Lorsqu'on veut un calcul plus exact, on cherche W (équation 3), et, sa valeur étant admise pour W′, il ne reste que trois inconnues dans les équations. C'est ainsi qu'on opère ensuite pour le profil de la mouille, parce que L″ est au nombre des inconnues.

(*) Le désordre actuel absorbant une partie de la chute, la concordance de l'ensemble des pentes nouvelles avec les anciennes correspond à un meilleur entraînement du sable. Cette concordance n'est qu'un état initial, plus tard les valeurs de I seront moindres et les profondeurs plus grandes; lorsque le débit solide sera revenu à sa valeur ancienne, on aura atteint le maximum d'amélioration.

La régularité du débit solide, l'égalité de l'écoulement de sable par les divers profils pendant les eaux basses et ordinaires, produiront de suite des résultats importants. Inutile de répéter ici ce qui a été dit sur les fonds de roches et sur la division en biefs.

On ne peut trop appeler l'attention sur les déclivités actuelles (0.01 à 0.44 par kilomètre); elles montrent où conduisent des largeurs arbitraires et des tracés de hasard.

rentrée du courant principal dans le lit mineur, rentrée qui anticipera sur l'abaissement au niveau des crêtes de celui-ci.

Considérons le débit 200; en supposant les mêmes déclivités que ci-dessus, nous aurons au profil intermédiaire :

$$H = 1.49, \quad U = 0.68, \quad W = 0.53,$$

au profil rectangulaire :

$$H' = 1.82, \quad U' = 0.69, \quad W' = 0.54,$$

au profil de 235 mètres :

$$H'' = 1.25, \quad U'' = 0.68, \quad W'' = 0.52.$$

Les profondeurs *moyennes* 1.49 et 1.25 coexisteront avec des profondeurs, dans le thalweg, supérieures à $1^m.82$, qui sera la profondeur minima. Les pentes 20, 16 et 12, qui résultent de nos largeurs pour le débit 430, nous conduisent à des vitesses peu différentes ; on peut donc dire que le parallélisme des profils longitudinaux se maintiendra sensiblement, de 430 à 200, l'hypothèse de l'équilibre correspondant à l'égalité des vitesses étant admise.

Au moment de l'étiage (débit 100), on aurait :

$$H = 1.00, \quad U = 0.50, \quad W = 0.375,$$
$$\text{et} \quad H' = 1.23, \quad U' = 0.51, \quad W' = 0.385.$$

La plus petite profondeur serait 1.23 dans le thalweg, la *moyenne* 1 mètre du profil intermédiaire étant de beaucoup dépassée en son point bas.

Les émergences qui se produiront dans les profils larges, pendant les petits débits, feront tendre L et L'' vers L', et pourront même les faire descendre au-dessous. Si l'on arrive à $L = L'' = L'$, l'action des courants amènerait l'égalité des profondeurs moyennes en même temps que celle des vitesses, et par suite l'uniformité des pentes. A la limite on aurait $I = I'' = I' = 0.00016$. Pour le débit 100, cela correspondrait dans tous les profils à une profondeur moyenne de 1.13 ; le thalweg, plus bas partout ailleurs, ne présenterait que cette cote au passage du maigre. L'abaissement parallèle d'abord supposé (pentes de 20, 16, 12) nous donnait un maximum de $1^m.23$; l'annulation de toute variation de pente, d'un bout à l'autre de la courbe, nous conduit à 1.13; on verra que l'on peut réellement compter sur cette dernière profondeur, en s'appuyant sur la théorie des débits de sable.

Les différences des profondeurs moyennes, aux divers profils, ne sont pas constantes lorsqu'on passe du débit 430 au débit 100. Il importe de rechercher si cela implique nécessairement des déplacements locaux de sable. Les profondeurs moyennes étaient comparativement petites dans les profils larges, au moment du débit 430 ; mais dans la partie de ces profils qui ne découvre jamais, les moyennes sont plus grandes, et ce sont celles-ci qu'il faut mettre en parallèle avec les profondeurs au profil du maigre, pour constater s'il y a variation dans les différences, par le passage de ce débit 430 au débit 100. Le cas d'égalité des largeurs immergées, à l'étiage, conduirait à comparer l'égalité correspondante des profondeurs moyennes avec les différences antérieures, dans les 160 mètres à partir de la rive concave. Ces dernières ne sont peut-être pas négligeables, mais en tous cas la variation se trouve beaucoup moindre que si l'on ne tenait pas compte des émergences.

L'équation (1) peut être mise sous la forme :

$$I = \frac{aLU^3}{D} + \frac{bL^2U^4}{D^2}.$$

On voit que, dans un canal à peu près régulier, les pentes qui s'établissent aux divers points, pour un débit donné, seraient une fonction de la largeur seule si U était le même dans tous les profils. Mais avec de brusques changements dans les largeurs la formule n'est plus applicable, et il n'y a pour ainsi dire pas de limites aux variations de la pente; dès lors la période des débits moyens, qui devrait correspondre partout à un travail de régularisation, ne fait souvent qu'aggraver le désordre; chaque obstacle provoque le gonflement de la surface liquide, et tend par là même à relever le fond en amont. On peut dire en thèse générale qu'un mauvais tracé, qu'un affaissement dans les rives, amènent l'inégalité marquée des débits simultanés de sable, aux divers points du fleuve, et par suite une interminable série d'états anormaux.

Il est impossible de prévenir les grandes variations des écoulements de sable par des profils voisins, pendant les crues débordées; on peut seulement les atténuer, notamment par la fermeture des dépressions accidentelles dans les berges du lit majeur. Il faut donc tendre au règlement du lit mineur par les débits moyens. A défaut, les petits débits interviennent pour rétablir la concordance annuelle des transports vers l'aval; mais ils ne peuvent agir sérieusement que par de minimes profondeurs. Le remède à la rupture d'équilibre général se trouve donc correspondre à la ruine de la navigation, lorsqu'on n'a pas disposé les choses pour une utile action des crues ordinaires.

On peut résumer comme suit les moyens applicables à la transformation d'une rivière à fond de sable : 1° régularité du lit moyen (*) (nous disons *régularité*, mais non *uniformité*) ; traverses inclinées rattachant les berges des prairies aux crêtes du lit mineur, dans les deux zones qui constituent le lit moyen ; plantations d'osiers dans les cases formées par ces traverses ; taille fréquente des plantations

---

(*) Il n'est peut-être pas inutile de rappeler nos définitions : *lit mineur*, espace compris entre les digues basses ; *lit majeur*, prairies non abritées par les digues insubmersibles ; *lit moyen*, deux zones inclinées, entre les précédents.

lorsqu'elles dépasseront les niveaux des traverses, afin de ne pas gêner l'écoulement des grandes crues ; 2° courbures graduées dans le tracé de l'axe du lit mineur, l'observation ayant démontré que le thalweg est alors moins accidenté ; 3° variation bien ménagée dans l'écartement des berges du lit mineur ; largeur minima dans les emplacements des maigres, qui sont connus à l'avance. Avec un tracé parallèle on arriverait, en basses eaux, à une largeur minima dans l'endroit où la courbure est la plus forte ; la largeur maxima se trouverait dans le profil du maigre.

L'étude du lit moyen n'aura pas moins d'importance que celle du tracé et du relief des berges limitant le lit mineur. Les traverses s'enracineront au-dessous des bords régularisés du lit majeur. Dans un avenir plus ou moins éloigné, le lit moyen sera transformé en prairies, où affleureront les anciennes traverses (Voir la note de la page 398).

Bien que nous ayons borné notre programme à ne pas provoquer l'exhaussement des grandes crues, par les travaux destinés à améliorer la navigation, nous arriverons avec le temps à abaisser le niveau des eaux débordées. Il serait plus exact de dire que l'on compensera les exhaussements à prévoir par ailleurs, car on finira par consolider les digues insubmersibles, dont la rupture a atténué jusqu'ici les inondations.

En appliquant les mêmes procédés à la vallée de l'Allier, on rendrait à la production des surfaces considérables. La principale source des sables de la Loire serait tarie, et en même temps une bonne navigation créée.

Afin de mieux justifier nos propositions, nous allons refaire les calculs, en adoptant une base plus exacte que l'égalité des vitesses dans les divers profils ; la considération des débits relatifs de sable (on doit le pressentir), est la pierre de touche des projets d'endiguement. Le volume des eaux est encore considérable lorsque, après un débordement, le fleuve se concentre dans les lits moyen et mineur ; l'action régularisante sera très-énergique, si les tracés sont bien faits et bien combinés. Il se peut cependant que certains dépôts de la grande crue persistent en partie, jusqu'à la rentrée dans le lit mineur; il faut qu'alors un débit relatif de sable se prononce ou continue sur les points encombrés. Le départ des dépôts sera facilité : 1° aux points d'inflexion par la moindre largeur ; 2° du côté concave des autres parties par la forme même de la rive. Les fluctuations des crues ordinaires achèveront le travail du côté convexe, si des courbures trop accentuées aux sommets ne provoquent pas de très-grandes profondeurs aux mouilles, et par suite, en face, un ensablement trop marqué.

La profondeur au-dessous de l'étiage est aujourd'hui de 1m.67 en moyenne, dans le thalweg de la Loire, en aval de la Maine ; mais sur certains points on ne trouve que 0.40. A la page 42 de notre « *Rapport sur la transformation de la Loire maritime* (*), » nous avons donné la carte de quelques kilomètres de Loire fluviale, dans une partie où des digues discontinues ont été établies. On ne peut pas dire que le fleuve soit endigué, car cette expression donne l'idée de quelque régularité, tandis qu'on trouve ce qui suit :

	mètres.
Largeur du bras principal à l'origine de l'extrait de carte.	250
A 800 mètres en aval.	140
A 400 mètres plus bas.	220
Enfin à 1 800 mètres au-dessous de ce dernier point. . .	350
et 1 200 mètres plus loin.	200

Si nous ajoutons que ces variations se combinent avec un tracé détestable, et sont parfois à contre-sens des différences moindres qu'on pourrait admettre (**), on com-

(*) Un volume in-4° (1869).

(**) Cette remarque est très-importante ; aucun succès n'est possible avec des largeurs plus grandes vers les points d'inflexion, combinées avec des tracés où les courbures ne varient pas graduellement.

prendra que l'inutilité des travaux faits dans la Loire fluviale ne prouve rien, absolument rien, contre le *système* de l'endiguement. La variation monstrueuse des pentes superficielles résulte forcément d'un tracé où le désordre est illimité. Il fallait bien insister sur les causes supprimables de l'état actuel de la rivière; le lecteur accordera plus d'attention à notre plan de réforme, ne rejettera plus *à priori* la possibilité d'obtenir $1^{m}.10$ à $1^{m}.20$ au moment de l'étiage, $1^{m}.70$ à $1^{m}.80$ pendant neuf mois et demi de l'année (débits supérieurs à 200 mètres cubes).

Formules des débits de sable dans la Loire. Applications. —Nous avons reproduit, au commencement de cette étude, un tableau qui fait connaître les vitesses superficielles observées sur les grèves en marche. Ce tableau ne donnant pas les vitesses de fond, nous avons employé les relations applicables aux cours d'eau réguliers pour obtenir la limite supérieure des transports par roulement, sans nous dissimuler l'incertitude du résultat. Il a été bien compris que cette marche est à rebours de celle qu'il aurait fallu suivre. En effet, la limite cherchée dépend moins de la profondeur que la prétendue limite superficielle; si l'on connaissait d'abord la formule en fonction de W, on la transformerait à volonté en remplaçant W par sa valeur en fonction de V et de H, ou de U et de H. Partant de la fonction de V, on est obligé de supposer une valeur constante du rapport $\frac{V}{W}$, pour ne pas introduire H en faisant une transformation qui devrait au contraire l'éliminer. Les équations

$$\frac{V}{U} = 1 + 14\sqrt{\frac{HI}{U^2}} = 1 + 14\sqrt{0.00028 + \frac{0.00035}{H}}$$

$$\text{et} \quad \frac{W}{U} = 1 - 10\sqrt{0.00028 + \frac{0.00035}{H}}$$

donnent

$$\frac{V}{W} = \frac{1 + 14\sqrt{0.00028 + \frac{0.00035}{H}}}{1 - 10\sqrt{0.00028 + \frac{0.00035}{H}}}.$$

Pour $H = 1$, ce rapport devient 1.80 (ce serait 1.60 pour $H = 3$), et l'on aura :

$$d = m.(W^2 - \overline{0.25}^2) = h \times 0.00013 \times (\overline{1.80}^2.W^2 - 0.11),$$

puisque le débit de sable par mètre de largeur a pour mesure l'avancement de la grève $\times$ la hauteur h de son sommet au-dessus du lit à la suite. Celle-ci étant en moyenne 0.77 dans les observations relatives au mouvement de roulement, l'équation devient :

$$m(W^2 - 0.06) = 0.0001 \times (\overline{1.80}^2.W^2 - 0.11).$$

Pour

$$W = 0.50,$$

on trouve :

$$m = 0.00037,$$

et enfin

$$d = 0.00037.(W^2 - 0.06). \qquad (4)$$

Si l'on a pu établir une valeur numérique du coefficient lorsque la formule était en fonction de V, cela est bien plus admissible avec la fonction de W. Cependant, les données étant insuffisantes, la valeur adoptée est un peu incertaine; on trouve 0.00040 à 0.00036 pour les valeurs 0.40 à 0.55 de W.

Lorsque W dépasse 0.55, la formule devient $d = m.W^2$. Nous conserverons la même valeur numérique de m; il y aura brusque augmentation du débit de sable, lorsque W franchit la limite séparative des deux espèces de mouvement, ce qui est bien en rapport avec les faits. L'équation des débits de sable par les grandes vitesses serait donc :

$$d = 0.00037.W^2. \qquad (5)$$

Les équations (4) et (5) permettent de résoudre cette question : dans une rivière à fond très-mobile, où les courbures du tracé et les largeurs sont bien graduées, quelle profondeur moyenne le débit D donnera-t-il dans le profil de largeur L', si l'on a H pour la largeur L?

Lorsque les vitesses de fond sont supérieures à 0.55, l'égalité des débits totaux de sable donne :

$$LW^2 = L'W'^2,$$

et à peu près :

$$LU^2 = L'U'^2.$$

En remplaçant U et U' par leurs valeurs tirées de (2), on trouve :

$$H' = H \cdot \sqrt{\frac{L}{L'}}.$$

Pour les vitesses de fond comprises entre 0.25 et 0.55, la complication est plus grande. Nous adopterons cependant la même formule, en affectant le second membre d'un coefficient déterminé à l'aide des applications détaillées ci-après. On trouve :

$$H' = 1.04H \cdot \sqrt{\frac{L}{L'}}. \tag{6}$$

L' étant plus petit que L. Le coefficient serait 0.96 dans le cas contraire.

Pour les grandes vitesses, on aura plus d'exactitude en affectant aussi $H\sqrt{\frac{L}{L'}}$ d'un coefficient ; mais celui-ci différera bien peu de 1. Il n'est motivé que par la substitution du rapport des U à celui des W. On trouve 1.013, en faisant diverses hypothèses sur H, dans la valeur de $\frac{W}{W'}$, donnée par les formules (3) et (1). La largeur L' étant supposée la plus petite, on a donc lorsque les vitesses de fond dépassent 0.55 :

$$H' = 1.013H \cdot \sqrt{\frac{L}{L'}}. \qquad (7)$$

Cette formule est applicable à toute rivière à fond de sable bien endiguée, comme à la Loire, tandis que les coefficients de (4), (5) et (6) dépendent, directement ou indirectement, des observations faites dans ce fleuve.

Lorsque W est compris entre 0.25 et 0.55, et qu'en même temps W′ est supérieur à 0.55, on a :

$$L(W^2 - 0.06) = L'.W'^2,$$

après durée suffisante du débit commun.

Si l'on calcule les débits de sable, par mètre de largeur, pour les vitesses de fond :

0.50, 0.52, 0.54, 0.55 ; 0.55, 0.56, 0.58, 0.60,

on trouve :

0.000070 — 78 — 85 — 0.000089	0.000111 — 116 — 124 — 0.000133.

La représentation graphique donnerait un ressaut vertical pour l'abscisse 0.55. Les débits compris entre 0.000090 et 0.000111 inclusivement correspondent à un état mixte, où les deux modes de transport se combinent en proportions variables. On se trouve dans le cas singulier d'une même vitesse qui, indispensable pour le travail 89, est suffisante pour le travail 111. Cela doit être compris dans le sens de différences très-petites pour les vitesses de fond qui produisent ces débits divers. Lorsque, dans nos calculs, nous trouverons un écoulement de sable conduisant à $W > 0.55$ par l'application de (4), et à $W < 0.55$ par l'application de (5), nous devrons poser $W = 0.55$. Toutes les fois que l'arrivage est de 0.000089 à 0.000111 sur 1 mètre de largeur d'un profil, cette vitesse se prononce, soit de suite, soit au bout d'un certain temps (la persistance du débit liquide qui produit cet arrivage étant admise). Si, par suite des circonstances antérieures ou des rapports avec les parties voisines, W a d'abord une valeur différente, il y aura dépôt partiel ou entraînement supérieur, mais ce ne sera que momentané. Bientôt on arrivera à 0.55, avec cette circonstance très-heureuse que le débit par mètre 0.000111 n'exigera pas une vitesse plus grande, et par suite une profondeur plus petite, que 0.000089.

Les parties où règnent des vitesses supérieures et inférieures à 0.55 sont nécessairement séparées, dans une rivière à fond de sable bien réglée, par une zone où W reste égal à 0.55; parfois deux zones se rejoignent pour n'en former qu'une, de part et d'autre du sommet du thalweg. Le débit de sable par mètre de largeur variera de 0.000089 à 0.000111, puis inversement, si la largeur d'origine et de fin de la zone double, dite alors zone complète, est dans un certain rapport avec celle du profil de l'inflexion; ce rapport est donné par l'équation $0.000089 . L = 0.000111 L'$, d'où l'on tire $L' = 0.80 L$. Supposons que le mouvement de roulement se transforme en mouvement mixte, à partir d'un profil de 200 mètres; on n'arrivera au mouvement de suspension proprement dit (0.55_s), avant de repasser par les mêmes intermédiaires pour retomber sur 0.55_r, que si les largeurs descendent à $200 \times 0.80 = 160$. Pour le débit D qui écoule le volume de sable $200 \times 0.000089 = 0.0178$ par seconde, dans le profil intermédiaire d'une de nos courbes, la *zone de vibration* règne depuis ce profil jusqu'à celui de 160 mètres ($0.0178 = 160 \times 0.000111$); le rétrécissement n'allant pas plus loin, la zone se continue sans interruption jusqu'au profil de 200 mètres suivant. La vitesse de fond ne varie, dans cette étendue, que de quantités infiniment petites; le rapport des vitesses moyennes, et par suite celui des sections, est sensiblement égal à 1, malgré la grande différence des largeurs. En un mot, c'est pour le débit D que le rétrécissement produit son maximum d'effet.

Entre l'origine de la zone de vibration (largeur 200) et le centre de cette zone (largeur 160), l'approfondissement correspond alors à l'équation

$$200\,H = 160\,H',$$

d'où

$$H' = 1.25\,H.$$

Il y a cependant lieu de multiplier 1.25 par un coefficient de correction, mais celui-ci est plus grand que 1. Voici le détail du calcul :

En divisant les deux membres de (3) par U, et combinant avec (1), on trouve :

$$\frac{0.55}{U} : \frac{0.55}{U'} = \frac{U'}{U} = \frac{1 - 10\sqrt{0.00028 + \frac{0.00035}{H}}}{1 - 10\sqrt{0.00028 + \frac{0.00035}{H'}}}.$$

En essayant les valeurs $H' = 1.25$ et 2.50 pour $H = 1$ et 2, on arrive à

$$U = 1.013\,U',$$

et par suite à

$$H' = 1.013 . 1.25 . H = 1.27 . H.$$

Reprenant les calculs avec 1.27 et 2.54 (H') pour 1 et 2 (H), on retombe sur le même coefficient. L'équation

$$H' = 1.27 . H \tag{8}$$

donne donc définitivement le maximum d'effet à demander au rétrécissement périodique, dans une rivière comparable à la Loire. On obtiendra ce résultat au moyen d'un tracé conforme aux conditions énoncées, au moment d'un débit D qu'il est possible de calculer ; il suffit pour cela de mettre en équation, au moyen des relations connues, le problème dont voici l'énoncé : quel est le débit pour lequel une zone complète de vibration régnera entre nos profils 200 et 160, et de celui-ci au profil 200 suivant? Le résultat tombe entre 200 et 250 mètres cubes. Ces débits ont de la durée, et souvent l'année se passe sans qu'on approche davantage du débit minimum; nous en conclurons qu'en définitive la phase de vibration pourrait bien correspondre au meilleur moment.

Si l'on ne veut pas se contenter d'approximation, le matériel du calcul devient compliqué, lorsque la loi des débits de sable varie dans la longueur de la courbe ; il n'est plus permis de prendre la déclivité moyenne pour pente au profil intermédiaire et, par conséquent, il faut mettre plusieurs profils simultanément en équations. Dans le cas précédent, il s'agit de déterminer : le débit de la rivière, la répartition de la pente, les profondeurs, les vitesses moyennes, la vitesse de fond au profil de 235 mètres, et le débit de sable, lorsque la vitesse de fond est 0.55_1 au profil de 200 mètres et 0.55_2 au profil de 160. La formule (4) appliquée à $W = 0.55_1$, ou la formule (5) à $W' = 0.55_2$, nous donne :

$$200 . d = 160 . d' = 0.0178;$$

restent les inconnues

$$I, U, H, D, I', U', H', I'', U'', H'', W''.$$

Nous avons les équations (1), (2) et (3) pour chacun des profils, l'équation (4) pour celui de 235 mètres, et

$$I'' + 2I + I' = 4 \times 0.00016 = 0.00064;$$

soit 11 équations et 11 inconnues.

On verra, dans plus d'un cas, qu'en posant $I = 0.00016$ lorsque les vitesses ne restent pas soit roulantes, soit suspensives, d'un bout à l'autre de la courbe, on n'arrive qu'à des résultats plus ou moins approchés.

La marche simple des pentes successives, établie dans l'hypothèse d'égales vitesses de fond, ne subsiste que pour les zones de vibration, que caractérise précisément cette égalité. L'égalité approximative des sections LH, qui en résulte, correspond à la variation des H en raison inverse des L, tandis qu'ailleurs c'est dans le rapport inverse des racines quarrées (6 et 7). On peut encore dire que les profondeurs sont proportionnelles aux débits de sable par mètre de largeur, ou à leurs racines quarrées, dans les mêmes cas, puisque l'équilibre des débits solides totaux correspond à

$$dL = d'L', \qquad \text{d'où} \qquad \frac{d}{d'} = \frac{L'}{L}.$$

Pour le débit 200, on aura vibration ascendante depuis un profil moins large que le profil intermédiaire, jusqu'au profil 160, et vibration descendante à la suite. Le rapport des largeurs $\frac{0.000089}{d'}$ étant supérieur à 0.80, d' n'atteindra pas 0.000111, et l'ensemble des zones partielles ne fera pas une zone complète. La variation des profondeurs en raison inverse des largeurs existera encore de part et d'autre du profil de l'inflexion, mais dans une longueur plus petite que la moitié de celle de la courbe ; l'approfondissement sera moindre que si le débit de sable atteignait la valeur maxima que peut donner 0.55. Hors le cas de la zone complète, la vitesse est toujours plus grande au profil de 160 mètres que dans celui de 200, car l'égalité

$$d' \times 160 = d \times 200$$

ne peut se concilier avec l'égalité des vitesses que pour

$$W' = 0.55_s \qquad \text{et} \qquad W = 0.55_r.$$

Lorsque le débit fluvial est de 250 mètres cubes, la vitesse o.55, correspond à un profil de plus de 200 mètres; la série ascendante des débits de sable o.000089 à o.000111, par mètre de largeur, est complète à partir de ce profil; puis règnent des vitesses supérieures à o.55, de part et d'autre de l'inflexion. Arrive ensuite une série semblable à la précédente, en sens contraire, puis des vitesses inférieures à o.55, de part et d'autre de la courbure maxima. La profondeur sur le maigre n'égalera plus 1.27. H, comme pour le débit D (entre 200 et 250 mètres cubes). Soit 1.70 la valeur qu'avait alors H, la profondeur sur le maigre était 2.18; H devenant 1.90, la profondeur H' serait 2.43 si la même proportion subsistait. Cela supposerait un débit relatif de sable; mais celui-ci pourra ne pas exister, puisque le rapport des dernières profondeurs sera, en réalité, moindre que 1.27.

Les indications qui précèdent sont peut-être trop précises, eu égard à l'incertitude des formules. Mais il y a une chose non contestable : la quasi-égalité des vitesses aux points de la rivière qui comportent un mouvement mixte du sable, partie roulement, partie suspension. Ces mouvements mixtes passent inaperçus, lorsqu'on observe le phénomène sur un seul point par des débits différents, dans un fleuve très-irrégulier; mais cela ne prouve nullement qu'ils ne régneront pas sur de grandes longueurs, par certains états du fleuve, lorsqu'on aura régularisé le lit en graduant les courbures et les largeurs. Tout prouve au contraire que pareille chose existera; des conditions très-différentes d'entraînement du sable, lorsque tout variera peu à peu, ne se produiront pas brusquement d'un point au suivant, ni en un certain point d'un moment à l'autre. S'il est bien démontré que, dans une rivière à fond très-mobile, la graduation sera obtenue dans les pentes, en même temps qu'on la créera de main d'homme dans les courbures et les largeurs, il est impossible qu'il y ait brusque passage d'un mode de transport à un autre. La graduation des débits de sable par mètre de largeur sera maintenue, même quand ce mode se transformera; avant que la suspension, commençant à coexister avec le roulement, n'ait pris une grande importance dans le profil de 160 mètres, elle se fera déjà sentir dans celui de 165, et ainsi de suite.

Si le débit du fleuve varie rapidement, les phénomènes se compliquent, même si l'on ne considère que des débits qui ne comportent pas de débordement; mais la complication n'existera pas plus pour les débits relatifs de sable que pour les pentes; la graduation se refera simultanément en toutes choses, comme elle existe dans les courbures et les largeurs, lorsqu'un égal débit se maintiendra dans les profils comparés. Le brusque changement qui se manifeste aujourd'hui, pour certains accroissements faibles des débits, dans la marche des grèves, correspond au brusque abaissement du lit au bout de celles-ci. Rien ne peut modérer l'accroissement de *d*, lorsque des valeurs très-différentes du débit de sable résultent d'une minime variation de W; *la saillie de la grève rend le phénomène indépendant de ce qui se passe à la suite.* Toute autre serait l'évolution dans notre lit gradué. L'augmentation du débit de sable, résultant d'un commencement de suspension dans le profil de 160 mètres, produit en aval un petit dépôt; de là tendance à la décroissance de I' et par suite à la modération dans la vitesse, en même temps que le dépôt provoque en aval une augmentation de celle-ci. Une série d'actions et de réactions se produit de la sorte, et le phénomène est bien comparable à une vibration qui se propage de proche en proche. Cette vibration s'étendrait à toute la rivière, pour un certain débit, si le profil maximum n'avait que 200 mètres; l'écoulement de sable serait partout de 0.0178; par mètre de largeur il varierait de 0.000089 à 0.000111. Le débit fluvial augmentant, les parages de l'inflexion se dégageront de la zone, qui arrivera à n'occuper qu'un faible espace de part et d'autre de la mouille, puis disparaîtra. La durée du phénomène ne sera pas infiniment petite, bien que les W qui le caractérisent ne diffèrent pas entre eux de quantités mesurables; le commencement correspond au débit de sable

$$160 \times 0.000089 = 0.0142,$$

et la fin au débit

$$235 \times 0.000111 = 0.0261.$$

Pour l'équilibre, il faut qu'on ait alors :

$$160 \times 0.00037 \times W'^2 = 0.0261, \quad \text{d'où} \quad W' = 0.66.$$

La phase spéciale ayant commencé avec $W' = 0.55$, on voit que sa durée sera notable; telles fluctuations du débit de la rivière la prolongeront parfois longtemps.

Ce tableau d'un équilibre vibratoire, à la fois très mobile et très-stable, n'est malheureusement qu'une image simplifiée des faits. Après avoir considéré la vibration longitudinale, comme si W était uniforme dans chaque profil en travers, nous sommes bien obligés de reconnaître qu'il y aura de même vibration transversale, car le profil de plus petite largeur est le seul où, pour chaque débit, la vitesse de fond soit à peu près constante. C'est en réalité dans le profil de la mouille, le long de la rive concave, que la vitesse de fond deviendra d'abord un peu suspensive, puis devant, derrière et en côté; le débit continuant de croître, cet effet s'étendra et s'accentuera de plus en plus. Au moment où W_s régnera dans les 160 mètres du profil de l'inflexion, les zones occuperont de part et d'autre la surface de deux quadrilatères curvilignes, avec des échancrures du côté concave, répondant aux $W > 0.55$; les bandes externes du côté convexe correspondront aux vitesses inférieures à 0.55, et même pour une partie à 0.25. Il serait fort difficile de soumettre le phénomène au calcul, dans sa complication vraie; mais aucune différence réellement importante ne résultera, pour la pratique, de la simplification admise dans nos raisonnements. C'est en effet sur le profil de l'inflexion que la différence sera le moins sensible, et c'est précisément ce point qui nous intéresse le plus.

Si nous considérons le module, ou débit moyen (800 mètres cubes par seconde), nous trouvons que la vitesse de fond sera 0.80, aux points où la largeur du lit mineur est de 200 mètres. Le débit de sable étant supposé nul dans la partie immergée du lit moyen, on aura :

$$d = 0.00037 \times \overline{0.80}^2 = 0.00024, \quad \text{et} \quad d \times 200 = 0.048.$$

Cela ferait 1 million et demi de mètres cubes par année, c'est-à-dire plus de trois fois et demie l'écoulement actuel dans notre section de Loire, une fois et demie le débit actuel immédiatement au-dessous du Bec-d'Allier (*). Le

(*) « La totalité des sables et des graviers arrachés aux rives par « la corrosion des eaux est de 2500000 mètres cubes, année « moyenne, et l'on est autorisé à évaluer à un chiffre très-petit le « volume de sable qu'apporte, aux rivières principales, chacun « des ruisseaux des pays de montagnes..... Les sables arrachés aux « rives s'immobilisent, en très-grande partie, sur les lieux mêmes « de leur production, et *il n'entre en mouvement dans les lits des « rivières qu'une partie minime de ces matières*..... Il serait diffi- « cile de trouver l'origine d'une masse de sable dépassant ou attei- « gnant chaque année plusieurs millions.

« Tout porte à penser que le chiffre de 1 million représente « mieux l'importance du phénomène..... Nous avons vu qu'on en- « lève du lit de la Loire, pour les besoins des populations rive- « raines, environ 600000 mètres cubes de sable et de graviers par « an (Comoy) ».

Pour faire un plus grand transport de sable (1 million de mètres cubes immédiatement au-dessous du bec d'Allier, au lieu de 600000 mètres cubes à Nantes), la Loire supérieure avait besoin d'une plus grande pente. Non-seulement le débit solide est double ou triple, mais le débit d'eau est moindre, le fleuve n'ayant pas encore reçu

versement au droit de l'embouchure de la Maine n'étant en moyenne que de 0.013, le débit ne serait égal à 0.048 qu'aussitôt après la construction des digues ; ensuite il décroîtrait graduellement. L'approfondissement diminuerait W et par suite *d*.

Au point de vue de la partie maritime la situation dépendra, pendant la phase de transition, de l'importance des dragages dans le lit mineur fluvial. L'économie, sous ce rapport, serait compensée par une aggravation de désordre près de l'embouchure, et cela d'autant plus qu'on attendra davantage pour opérer.

L'encombrement de l'embouchure progresse tant qu'il n'y a pas équation entre :

1° Le volume annuel des arrivages dans la partie maritime ;

2° Le volume que les courants de marée pulvérisent dans le même temps, de manière que l'entraînement ait lieu vers le large ou sur les dunes.

Plus défectueuses sont les formes et les dimensions du lit fluvio-maritime (*), plus les sables arrivent gros dans la baie et plus ils s'y accumulent ; le choc de la lame vient alors en aide aux courants. La transformation du bas du

---

la Maine, etc. Une plus grande régularité aurait pu rétablir l'égalité des pentes, mais on sait que les formes du lit sont aussi défectueuses qu'en aval. Ce qui se passe dans l'intervalle des affleurements de roches montre que le caractère du phénomène est bien conforme à nos indications, d'autant plus que les fonds inaffouillables sont loin d'occuper toute la largeur du lit mineur.

Il ne faut pas, d'un autre côté, attacher trop d'importance au débit de sable calculé pour le module 800 mètres cubes ; rien ne prouve que ce soit réellement le débit moyen annuel.

(*) En rédigeant le projet d'amélioration d'une rivière à marées, à fond de sable, on s'imposera la condition de faciliter l'usure des grains par les courants de flot et de jusant, *en amont de la baie* ; les moyens propres à atteindre ce but correspondront nécessairement à de bonnes profondeurs. Les sables pourront alors sortir peu de temps après leur arrivée dans les parages de l'embouchure, au lieu de s'y attarder.

sons, les désordres apportés par le débordement tendront à s'effacer. En tout cas, l'ordre achèverait de se faire pendant l'écoulement concentré dans le lit mineur ; partout où subsisterait encore un amas anormal, la valeur plus grande de W provoquerait un plus grand écoulement de sable, et le fond se régulariserait. Il importe de se rendre bien compte du phénomène dans la phase des très-petits débits, où nous voudrions jouir encore d'une bonne navigation. Nous le ferons en nous basant sur l'équation

$$d \,.\, \mathrm{L} = d' \,.\, \mathrm{L}' \quad (*).$$

La question à résoudre pourrait s'énoncer ainsi : jusqu'à quel point le rapprochement des rives, au passage de l'inflexion, compensera-t-il la forme défavorable du profil en travers, malgré l'inconvénient de n'écouler du sable que sur une largeur réduite (vitesse plus grande pour rétablir l'équilibre ; section moindre) ? La contraction primitive ne peut se maintenir complétement jusqu'à l'étiage, parce que le point à courbure nulle est le seul où la figure de la section prévienne toute émergence. Nous allons faire successivement deux hypothèses : 1° émergences à partir du débit

(*) Dans une rivière bien tracée, à fond très-mobile, l'équilibre qu'exprime cette équation se rétablit promptement lorsqu'il a été troublé (D supposé le même dans les profils comparés; cela exclut le cas des débordements, car alors l'égalité des D n'existe qu'en tenant compte du débit par le lit majeur). Si d' est inférieur à $\frac{d\mathrm{L}}{\mathrm{L}'}$, il y a exhaussement du fond dans le profil étroit ; par suite W' augmente, ce qui ramène l'équilibre.

Un mauvais tracé, des largeurs exagérées, empêcheraient l'équilibre des $d\,.\,\mathrm{L}$ de se refaire promptement pour les débits concentrés dans le lit mineur, parce que les remaniements nécessaires seraient trop considérables après les crues débordées. Avec un meilleur tracé, l'écart résultant de la variation des différences H' — H sera moindre ; on reviendra vite à l'égalité des débits de sable, pour peu qu'une certaine valeur de D se maintienne.

Ces considérations s'éclairciront par des exemples.

200 ; 2° émergences antérieures telles que la largeur maxima 235 soit, pour ce débit, réduite à 200 mètres.

I. On a déjà calculé les vitesses et la profondeur au point situé à égale distance du maigre et de la mouille (*profil intermédiaire*), pour le débit de 200 mètres cubes, en supposant tout le lit mineur immergé. Nous avons trouvé en ce point, pour la pente 0.00016 et la largeur 200 :

$$H = 1.49, \quad U = 0.68 \quad \text{et} \quad W = 0.53.$$

Cherchons quelle vitesse de fond sera nécessaire, sur les 160 mètres de largeur au point d'inflexion, pour débiter le volume de sable qui passe dans le profil précédent. Ce volume est

$$d \times 200 = 200 \times 0.00037 \times (\overline{0.53}^2 - 0.06) = 0.016;$$

la vitesse cherchée sera donnée par l'équation :

$$0.016 = 160 \times 0.00037 \times W'^2,$$

si celle-ci conduit à $W' > 0.55$; mais elle donne 0.52. L'autre équation donne 0.57. Il faut prendre $W = 0.55$, et l'on devait s'y attendre, car $d' = 0.0001$; la zone de vibration est incomplète, parce que la vitesse de fond 0,55 ne se trouve qu'au profil de 180 mètres (le maximum d'effet de la vibration n'aurait été obtenu, par le débit 200, que si la largeur minima eût été : $180 \times 0.80 = 144$). La vitesse moyenne et la profondeur correspondantes seront données par les équations :

$$\frac{0.55}{U'} = 1 - 10 . \sqrt{0.00028 + \frac{0.00035}{H}},$$

et

$$200 = 160 . H' . U'.$$

On trouve

$$U' = 0.71, \quad H' = 1.76,$$

4

puis

$$I' = 0.00014.$$

De même on obtient :

$$W'' = 0.49, \quad U'' = 0.65, \quad H'' = 1.31 \quad \text{et} \quad I'' = 0.00018.$$

L'excédant de H' sur la profondeur 1.49 au profil intermédiaire, malgré la considération des débits de sable, est un fait capital, dû en partie à l'accélération de ces débits par le mouvement mixte (sans accroissement de W de 180 à 160). Voyons ce qui se passe lorsqu'on descend à l'étiage, en admettant qu'il ne reste que 180 mètres d'immergés au profil intermédiaire. On aura :

$$U = 0.525, \quad H = 1.06, \quad W = 0.395, \quad 180 \times d = 0.006,$$

puis

$$W' = 0.40 \quad \text{et} \quad U' = 0.54, \quad H' = 1.15, \quad I' = 0.00015.$$

De même au profil de la mouille, où l'émergence réduit la largeur à 200 mètres environ,

$$W'' = 0.38,$$

puis

$$U'' = 0.51, \quad H'' = 0.98, \quad I'' = 0.00017.$$

La profondeur minima est 1.15, puisque le fond est sensiblement horizontal dans le profil du maigre; aux autres profils, il y aura davantage dans le thalweg, quoique les moyennes soient 1.06 et 0.98. La différence 0.27, qui existait précédemment entre la profondeur au profil de l'inflexion et la moyenne du profil intermédiaire, s'est changée en 0.09; mais cela ne prouve pas un relèvement du maigre, parce que 1^{m}.06 ne s'applique pas à la même largeur que 1.49. La première différence n'était que de 0.12, en ne considérant au premier profil que les 180 mètres encore immergés par le débit 100. Les 0.09 de différence ultérieure n'indiquent donc presque aucun débit relatif de sable entre les volumes d'eau considérés.

Dans ces calculs nous avons appliqué à toute la largeur la vitesse de fond qui correspond à la profondeur et à la vitesse moyennes. Il importe de voir si l'on arriverait à une profondeur minima différente en faisant le calcul avec plus de rigueur. Pour le débit 200 mètres cubes, les 78 premiers mètres du profil de la mouille, à partir de la rive convexe, ne débiteront pas de sables (vitesse de fond, 0 à 0.25) ; les 99 mètres suivants écouleront 0.0044 par roulement sur le fond, et les 58 derniers mètres 0.0113 par mouvements mixte et de seconde espèce. En tout 0.0157 au lieu de 0.0160. Pour le profil de l'inflexion, l'équation :

$$0.0157 = 160 \times 0.00037 \times (W'^2 - 0.06)$$

donne

$$W' > 0.55,$$

et l'équation (5)

$$W' < 0.55.$$

Donc

$$W' = 0.55,$$

et l'on retombe sur les valeurs précédentes de

$$U' \ , \ H' \quad \text{et} \quad I'.$$

On n'a pas à s'occuper des variations de W', puisque la section du profil est rectangulaire. Lorsque le débit sera réduit à 100 mètres cubes, on aura dans les 200 mètres immergés du profil de la mouille : 1° débit de sable nul sur 88 mètres ; 2° 0.0047 sur les 106 mètres suivants, vitesses de 0.25 à 0.55 ; 3° 0.0007 sur les 6 derniers mètres. En tout 0.0054, au lieu de 0.006. La vitesse correspondante W', dans le profil de l'inflexion, serait de 0.39 au lieu de 0.40 ; il y aurait à prévoir une petite augmentation de la valeur précédemment calculée de H', pour le moment des plus basses eaux. Nous ne tiendrons pas compte du supplément, et nous continuerons à employer la méthode expéditive.

II. Le débit 200 trouve, dans la seconde hypothèse, 200 mètres immergés au passage de la mouille, 180 mètres au profil intermédiaire et 160 mètres à celui du maigre. Admettons que ces données s'appliquent à la courbe qui suit celle dont on vient de s'occuper. Il faudra compter sur le versement du volume de sable ci-dessus déterminé; on aura d'abord :

$$0.016 = 200 \times 0.00037 \times (W''^2 - 0.06),$$

et

$$W'' = 0.53;$$

puis

$$U'' = 0.68, \quad H'' = 1.49, \quad I'' = 0.00016.$$

Ensuite

$$0.016 = 180 \times 0.00037 (W^2 - 0.06),$$

d'où

$$W = 0.55, \quad U = 0.71, \quad H = 1.56, \quad I = 0.00016.$$

Enfin, au profil du maigre :

$$W' = 0.55, \quad U' = 0.71, \quad H' = 1.76, \quad I' = 0.00014.$$

Ces calculs donneraient une pente moyenne inférieure à la moyenne générale, ce qu'il faut interpréter. Supposons que notre courbe se trouve suivie d'une courbe semblable à la précédente, qui débite $0^{mc}.016$ de sable par seconde, avec la pente moyenne 0.00016. De deux choses l'une : ou la courbe intermédiaire sera tracée de manière qu'elle débite le même volume de sable, avec cette même moyenne, ou les crues l'auront façonnée de manière que $0^{mc}.016$ ne puisse pas correspondre à $0^{m}.00016$ pour le débit 200. C'est ce dernier cas qui résulte des émergences supposées ci-dessus; les deux centimètres de différence dans la chute totale calculée se répartiront, au lieu de se manifester brusquement à l'extrémité de la seconde courbe; le versement de sable à la troisième sera un peu supérieur à 0.016. Les conséquences à prévoir ne sont pas graves; mais on comprend ce que doit être une rivière abandonnée à elle-même, après la discussion à laquelle nous venons de nous livrer.

Au moment de l'étiage, nous supposons que la largeur soit uniformément 160 dans notre seconde courbe. Le débit 100 et la pente 0.00016 donnent alors :

$$H = 1.13, \quad U = 0.552, \quad W = 0.42,$$

pour tous les profils. On trouve sensiblement le même débit de sable que dans la courbe précédente. Au moyen d'une figure très-simple, il est facile de voir que la profondeur moyenne dans le profil de la mouille, sur les 160 mètres qui ne doivent pas découvrir, était égale à celle du profil étroit au moment du débit 200. L'égalité pour le débit 100 ne suppose donc aucune différence dans les débits de sable, pendant la descente à l'étiage.

Il paraît démontré, par la comparaison des valeurs de H' dans les calculs précédents, qu'il n'y a pas d'inconvénient à tendre vers l'*égalité des largeurs à l'étiage.* Mais il ne faut pas aller beaucoup plus loin; l'avantage de débiter du sable sur une plus grande largeur, dont jouirait le passage de l'inflexion, serait plus que balancé par l'inconvénient de débiter de l'eau sur cette largeur dominante. Il sera nécessaire d'accentuer modérément le tracé, sans quoi les émergences seraient exagérées, mais assez cependant pour que celles-ci s'étendent régulièrement le long des rives convexes.

Appliquons le calcul à l'exemple d'un tracé parallèle de 180 mètres, avec réduction à 140 mètres *dans le profil de la mouille* au moment de l'étiage.

On aura pour le profil intermédiaire :

$$I = 0.00016, \quad D = 100, \quad L = 160 \text{ mètres}.$$

Les équations donnent :

$$H = 1.13, \quad U = 0.552, \quad W = 0.42,$$

débit de sable :

$$160 \times d = 0^{mc}.0068$$

Partant de ce dernier résultat, on trouve :

$$W' = 0.40$$

pour le profil de 180 mètres au point d'inflexion, et

$$W'' = 0.436$$

pour le profil de la mouille réduit à 140 mètres par l'émergence. La méthode ordinaire donne ensuite :

$$U' = 0.53, \quad H' = 1.05, \quad I' = 0.000163,$$
$$\text{et} \quad U'' = 0.57, \quad H'' = 1.25, \quad I'' = 0.00015.$$

La concordance des pentes avec la moyenne n'est pas parfaite ; cela prouve que les émergences supposées ne se concilient pas avec un égal débit de sable à tous les profils, ou avec la pente 16 au profil intermédiaire; mais la différence est faible, et les débits relatifs qui pourraient exister sont négligeables. Les profondeurs moyennes étaient toutes égales à $1^{m}.56$ lors du débit 200 mètres cubes, en supposant que les émergences n'aient commencé qu'à ce moment. Dans les 140 mètres qui ne devaient pas découvrir, au profit de la mouille, la profondeur moyenne était de 1.88 ; pour qu'elle se réduise à $1^{m}.25$, il faut un abaissement de 0.63 entre les débits 200 et 100, ce qui donnerait seulement 0.93 sur le maigre si la surface de l'eau descendait parallèlement. Au lieu de cela, l'équilibre des débits de sable correspond à $1^{m}.05$, et la variation des pentes n'explique nullement la différence. Les positions relatives du fond, pour l'égal débit solide par le volume 200, ne conviennent donc plus pour 100 mètres cubes. L'équilibre ne peut exister immédiatement, à l'étiage, qu'à la condition d'un déblai sur le maigre et d'un remblai dans la mouille, pendant les débits intermédiaires. Rien ne prouve qu'on approchera davantage de 1m.05 que de 0.93; cela dépend de la durée de ces débits intermédiaires et de la longueur de la courbe. Si l'on passe vite de 200 à 100, le tirant d'eau minimum sera plus ou moins longtemps inférieur à 1 mètre. Un lit mineur de 180 mètres ne vaut donc pas, pour la navigation, le tracé bien gradué de 235 à 160 mètres, puisque celui-ci nous assure 1m.13 par les plus basses eaux. Le tracé parallèle de 160 mètres serait également inférieur; on trouve que le tirant d'eau minimum pourrait varier de 1 mètre à 1m.10, en supposant 20 mètres d'émergence au profil intermédiaire.

Pour fixer les idées, nous avons raisonné sur une section déterminée de la Loire; mais il faudrait contrôler notre travail très-attentivement avant de formuler un projet, car nous n'étions pas en mesure de faire toutes les études nécessaires. Les questions de dépense ont, d'ailleurs, été laissées de côté, et elles obligeraient dans plus d'un cas à faire fléchir les principes.

Rouen, 1871.

(Extrait des ANNALES DES PONTS ET CHAUSSÉES, tome I, 1871.)

379 — Paris. — Imprimerie CUSSET et Cᵉ, rue Racine, 26.

On trouve à la même librairie :

Métallurgie. Cours de métallurgie professé à l'École impériale des mines par M. GRUNER, inspecteur général des mines. Principes généraux. — Combustibles. — Fonte, fer et acier (*sous presse*).

— **Atlas de la richesse minérale**, recueil de faits geognostiques et de faits industriels offrant un cours complet de l'art des mines et usines, au moyen d'exemples tirés de célèbres établissements, et rendus sensibles à l'œil par la représentation géométrique des objets; *nouveau tirage*, accompagné d'un *nouveau texte* explicatif, rédigé par ordre du gouvernement; par H. LE COQ, ingénieur des mines. Atlas de 65 planches, très-bien gravées par Leblanc, dont plusieurs coloriées, et 1 vol. in-8° de texte; par HÉRON DE VILLEFOSSE, de l'Institut, inspecteur général des mines. 50 fr.

— **Cuivre**; par M. RIVOT, professeur à l'École des mines. In-8°, avec planches. 12 fr. 50 c.

— **Plomb et argent**; par le même. 1 fort vol. in-8°, avec pl.

— **Fer**. Traité pratique de la fabrication du fer et de l'acier puddlé, par ANSIAUX et MASION, in-8° et atlas. 15 fr.

— **Fer**. Avenir de la métallurgie en France vis-à-vis des traités de commerce; par M. FURIET, ingénieur des mines. In-8°. 5 fr.

— **Fer**. Recherches sur le gisement et sur le traitement des minerais de fer dans les Pyrénées et particulièrement dans l'Ariège, suivies de considérations historiques et économiques sur le travail du fer et de l'acier dans les Pyrénées; par M. FRANÇOIS (J.), ingénieur en chef des mines. 2 vol. in-4°, dont un de planches. 25 fr.

Métaux divers. Manuel de métallurgie générale; par LAMPADIUS, traduit par ARRAULT. 2 vol. in-8°. 12 fr. 50 c.

Jurisprudence des mines, minières, forges et carrières, à l'usage des exploitants maîtres de forges, ingénieurs; par M. Étienne DUPONT, ingénieur en chef, directeur de l'École des mineurs de Saint-Étienne. 3 vol. in-8°. 25 fr.

Eaux de Lyon et de Paris. Description des travaux exécutés à Lyon pour l'élévation et la distribution des eaux du Rhône naturellement clarifiées, et projet pour alimenter Paris en eaux de Seine; par A. DUMONT, ingénieur en chef des ponts et chaussées. Suivie d'une pratique des distributions d'eau In-4° et atlas de 28 pl. 25 fr.

Huiles minérales. Leur application à l'éclairage; par A. COLIN, attaché au service des phares. In-8° relié. 6 fr.

Chimie. Elément de chimie; par M. DEBRAY, examinateur à l'École polytechnique. 3e édition. Tome 1er, paru. 6 fr.

— **Cours d'analyse chimique minérale** de l'École des mines; par M. RIVOT, 4 vol. in-8°, planches. 55 fr.

— **Traité de chimie technologique et industrielle**; par M. KNAP, professeur à l'École polytechnique de Brunswick, traduit par M. MERIJOT, ingénieur des manufactures de l'État Les deux premiers fascicules : 9 fr.

— **Cours de manipulations et de préparations chimiques**, par M. CLOEZ, ingénieur, répétiteur à l'École polytechnique (*sous presse*).

— **Leçons de chimie** appliquée aux phénomènes de la vie où interviennent des actions moléculaires, par M. CHEVREUL, membre de l'Institut (*sous presse*).

— **De la méthode à posteriori expérimentale**, et de la généralité de ses applications; par le même. In-18 jésus. 8 fr.

— **Atlas de chimie analytique minérale** renfermant les premières notions de l'analyse chimique, et 17 tableaux parfaitement imprimés en couleur, des précipités donnés par les réactifs et des colorations obtenues au chalumeau; par M. TERREIL, aide de chimie au Muséum. Grand in-8°. 12 fr. 50 c.

Physique. Cours élémentaire de physique, précédé de notions de mécanique, et suivi de problèmes; par A. BOUTAN et Ch. d'ALMEIDA, professeurs aux lycées Saint-Louis et Napoléon. 3e édition, revue et augmentée, 2 magnifiques vol. In-8° avec 657 fig. et un Spectre solaire intercalés dans le texte, etc. 12 fr.

Irrigations. Des canaux d'irrigation de l'Italie septentrionale envisagés sous les divers points de vue de la science hydraulique, de la production agricole et de la législation; par M. NADAULT DE BUFFON, ingénieur en chef des ponts et chaussées. 2 vol. in-8° et atlas grand in-4° de 28 planches. 30 fr.

Drainage. Instructions pratiques sur le drainage; par M. HERVÉ MANGON, ingénieur des ponts et chaussées, professeur à l'École des ponts et chaussées. 3e édit., revue et considérablement augmentée, avec nombreuses figures, in-18, élégamment relié à l'anglaise. 2 fr. 50 c.

— **Expériences** sur l'emploi des eaux dans les irrigations sous différents climats et sur la proportion des limons charriés par les cours d'eau, par M. HERVÉ MANGON, ingénieur en chef des ponts et chaussées. In-8° jésus. 6 fr.

579. — Paris. — Imprimerie CUSSET et Ce, rue Racine, 26.

www.ingramcontent.com/pod-product-compliance
Lightning Source LLC
LaVergne TN
LVHW012001160826
845678LV00002B/667

* 9 7 8 2 3 2 9 6 7 5 0 6 0 *